宁夏
稻水象甲
防控技术手册

赵晓明　杜　伟　编著

科学技术文献出版社
SCIENTIFIC AND TECHNICAL DOCUMENTATION PRESS
·北京·

图书在版编目(CIP)数据

宁夏稻水象甲防控技术手册 / 赵晓明，杜伟编著. —北京：科学技术文献出版社，2021.7

ISBN 978-7-5189-8055-0

Ⅰ. ①宁… Ⅱ. ①赵… ②杜… Ⅲ. ①水稻害虫—稻象甲—防治—宁夏—技术手册 Ⅳ. ① S435.112-62

中国版本图书馆 CIP 数据核字（2021）第 135564 号

宁夏稻水象甲防控技术手册

策划编辑：郝迎聪 责任编辑：刘英杰 范 萌 责任校对：文 浩 责任出版：张志平

出 版 者 科学技术文献出版社
地　　址 北京市复兴路15号 邮编 100038
编 务 部 （010）58882938，58882087（传真）
发 行 部 （010）58882868，58882870（传真）
邮 购 部 （010）58882873
官方网址 www.stdp.com.cn
发 行 者 科学技术文献出版社发行 全国各地新华书店经销
印 刷 者 北京时尚印佳彩色印刷有限公司
版　　次 2021 年 7 月第 1 版 2021 年 7 月第 1 次印刷
开　　本 880 × 1230 1/32
字　　数 36千
印　　张 2.5
书　　号 ISBN 978-7-5189-8055-0
定　　价 28.00元

编者说明

稻水象甲是危害水稻的检疫害虫，为方便广大水稻种植业者识别、调查与防控稻水象甲，特编写本手册。

本手册资料、图片均取自宁夏本地稻田。如有谬误，欢迎批评指正。

目 录

CONTENTS

第一章

外来有害生物的生态影响

外来入侵物种的生物学特征

外来物种入侵会严重破坏生态平衡

外来物种入侵会严重破坏生物的多样性

外来物种的入侵机制

外来物种的入侵、扩散途径

近年来，随着经济的发展，国家和地区间人员、物资流动频繁，外界的有害生物会随行李、货物、包装材料乃至运输工具携带入境。稻水象甲（*Lissorhoptrus oryzophilus* Kuschel）便是众多外来有害生物中会严重影响水稻生产的一种。

经长期农业生产实践，农田生态系统相对稳定，病虫害的灾变主要受气候、品种及其内在变化的影响。稻水象甲等外来物种往往是生存能力、抗逆能力、适应能力很强的物种，入侵后，会严重破坏农田原有的生态平衡和生物多样性。新入侵物种由于缺乏天敌等制约条件，往往很快成灾，会造成严重的经济损失，增加病虫害防控的难度和成本。

一般来说，外来有害生物入侵会对当地的生态和生物遗传多样性造成影响，人们被迫采取防控措施后，会对当地的农业生产环境、作物产量和品质带来多方面的影响。例如：原有的主栽品种难以继续使用；灾害导致作物产量降低或品质下降；各类防控措施的实施会增加相关产业的生产成本。

一、外来入侵物种的生物学特征

外来入侵物种的生物学特征一般表现为3个能力超强：

①生态适应能力超强。植物主要表现为遗传多样性高、抗逆性强、生态位广；种子可以休眠以保证在特定时期萌发；能产生抑制其他植物生长的物质；具有能够刺伤动物并引起动物反感的棘刺等；能寄生在其他植物体上；光合效率高。动物表现为适应性广、食性杂、受寄主和环境因素影响小。

②繁殖能力超强。植物主要表现为能通过种子或营养体大量繁殖；世代短，能在不利环境下产生后代；根或根茎内有大量营养贮存，无性繁殖能力强；种子的发芽率高，幼苗生长快，幼龄期短。动物表现为强的孤雌生殖能力。

③传播能力超强。植物主要表现为有适合通过媒介传播的种子或繁殖体，传播率高；种子较小，难以清理，可随风和水流传播到很远的地方；易与人共栖，能通过人类活动传播。动物表现为个体有强的存活能力，远途运输后

仍能存活、繁殖。

二、外来物种入侵会严重破坏生态平衡

植物类外来物种入侵，会对植物赖以生存的土壤、水分及其他营养成分，生物群落的结构稳定性及遗传多样性等方面造成影响，从而破坏当地的生态平衡。外来有害生物的传入有可能对特定农业产业造成毁灭性打击，如引自澳大利亚入侵中国海南岛和雷州半岛许多林场的外来物种薇甘菊，由于这种植物能大量吸收土壤中的水分，从而造成土壤极其干燥，对水土保持十分不利。此外，薇甘菊还能分泌化学物质抑制其他植物的生长，会严重影响整个林场的生产与发展。

动物类外来物种入侵，会对相近的动物种群、寄主植物的生长带来极为严重的影响。特别是与农业生产相关的害虫入侵，会给相关的产业带来毁灭性的打击。例如，水稻种植中的稻水象甲、马铃薯种植中的马铃薯甲虫，二者分别给水稻和马铃薯的生产带来严重威胁；红火蚁不仅会给入侵地的各种设施造成损害，还会攻击人，影响入侵地内人的健康和生活质量。

微生物类、病原菌类的入侵后果更加严重。例如，西瓜生产中的黄瓜绿斑驳花叶病毒病、细菌性果斑病等，会给西瓜的产量、品质带来严重的负面影响，降低西瓜的商业价值，从而导致严重的经济损失。

卫生方面的“非典”、新冠肺炎均由外来的病毒引起，在人群中突发感染形成疫情，给人类的社会生活和经济活动带来严重的阻滞，使一部分人丧失生命，给社会发展、经济建设等带来广泛而深刻的影响。

三、外来物种入侵会严重破坏生物的多样性

生物的多样性是所有的植物、动物、微生物及其遗传信息与生存环境一起集合而成的不同等级的复杂系统。外来物种入侵是威胁生物多样性的头号敌人，入侵物种被引入异地后，由于新生环境缺乏能制约其繁殖的自然天敌及其他制约因素，后果便是其迅速蔓延、大量扩张，形成优势种群，并与当地物种竞争有限的食物、空间资源，直接导致当地物种的退化，甚至灭绝。农业、畜牧业生产中外来有害生物的入侵往往会带来灾难性的后果。

四、外来物种的入侵机制

外来物种的入侵机制可以概括为 4 个方面：①外来物种成功入侵往往需要经过引进、入侵、建立和传播（变成有害种）等几个主要阶段，从上一个阶段转变到下一个阶段的成功率一般为 10%；②外来物种入侵成活后，有一个较长的滞后阶段，之后才会爆发性扩散；③外来物种扩散的主要手段是繁殖体的成功传播；④外来物种的生存需要一个关键的最小面积，如没有超过这个面积，就难以增殖扩散。

五、外来物种的入侵、扩散途径

外来物种的入侵、扩散途径可以总结为以下 4 个主要方面。

（1）人为有意引种

在我国目前已知的外来有害植物中，超过一半的种类是人为引种。作为经济物种、药物、牧草或饲料引入而成为入侵物种，如蓖麻、曼陀罗、紫苜蓿、河狸鼠等；作为观赏花卉或树木引入而成为入侵物种，如紫茉莉、五色梅、荆豆等；作为改善环境植物种类引入而成为入侵物种，如大米草、薇甘菊、凤眼莲等。

（2）无意间带入

随人类交通工具带入的入侵物种，如三裂叶豚草、豚草等；随进口农产品和货物带入的入侵物种，如毒麦、假高粱、松材线虫等；随人类的旅游、建设过程带入的入侵物种，如北美车前、湿地松粉蚧等；一些水生或海产种类可能随船只或水产种苗携带等方式入侵。

（3）自然扩散

外来入侵的植物种子或繁殖体凭借风、动物的力量实现自然传播；也可能先在周边国家或地区归化，然后逐步通过风力、水流、气流及动物等实现自然扩散。

（4）动植物园逃逸、人造物种的释放

外来植物入侵的途径可能是多方面的，或者不同途径相互交叉，有些植物可能是经过一种以上的途径侵入的，而且在时间上也可能是多次输入，最终完成入侵并得到迅猛发展。稻水象甲的入侵也是多途径的，除最早报道的水稻种子携带之外，也可能通过水产品贸易、边境自然越界传播。

第二章

稻水象甲的生物学特征

稻水象甲（*Lissorhoptrus oryzophilus* Kuschel），属鞘翅目（Coleoptera）、象甲科（Curculionidae）、稻水象属（Lissorhoptrus），各地俗称稻水象、稻根象等，英文名为“rice water weevil”。

稻水象甲为半水生昆虫，成虫有水生昆虫的形态结构，适宜水中生活，主要危害水稻，是世界范围内水稻生产的一种毁灭性害虫，曾经被世界自然保护联盟（IUCN）列为最具威胁的 100 种外来入侵生物之一。1986 年，我国将其列为对外检疫对象，目前仍然是列入我国农业植物检疫性有害生物名单的入侵害虫。其成虫食性较杂，可危害 10 科 64 种植物，幼虫可危害 5 科 15 种植物。

稻水象甲是一种严重危害水稻生产的外来害虫，主要危害水稻根部，严重者可造成秧苗缺苗断垄，一般情况水稻因根须受损致使植株根部吸收营养受阻，分蘖减少，植株发育不良，减产 10% ~ 60%，乃至绝产。

一、稻水象甲的形态特征

成虫：体形为椭圆形，长2.5 ~ 3.8 mm，宽1.2 ~ 1.5 mm；体褐色或淡绿色，密被鳞片；喙为圆筒状，端部不膨大；触角红褐色，由基部到端部依次分为柄节、梗节和鞭节，梗节短粗呈念珠状；前胸背板宽略大于长，前端明显收缩，正中有1条深褐色纵宽纹，形似广口瓶；中胸小盾片白色、圆形；鞘翅奇数行间较偶数行间宽而凸，且散布不规则小疣，上被弯曲的鳞片状毛；鞘翅前行间1 ~ 3条具不规则深褐色纵纹；足腿节棒形、无齿；胫节细长、弯曲；中足胫节两侧各有1排长的游泳毛，跗节3不呈二叶状，爪分离（游泳毛是水生昆虫的特征，跗节3不呈二叶状，不利于象甲在植物枝叶上活动，表明稻水象甲是半水生昆虫）。

稻水象甲成虫外观特征：前胸背板自端部到基部具1黑色鳞片组成的广口瓶状的暗色宽纹，如图2-1所示，侧面及个体大小比对如图2-2和图2-3所示，主要识别特征如图2-4至图2-7所示。

图 2-1　稻水象甲成虫

图 2-2　稻水象甲成虫侧面

图 2–3　稻水象甲成虫个体大小与稻粒比较

图 2–4　触角枣红色，棒节 1 光滑，棒节 2、3 密生白色细毛

图 2-5　中足胫节两侧各有 1 排长的游泳毛

图 2-6　雌虫后足胫节有前锐突和 1 个不分叉的钩状突起

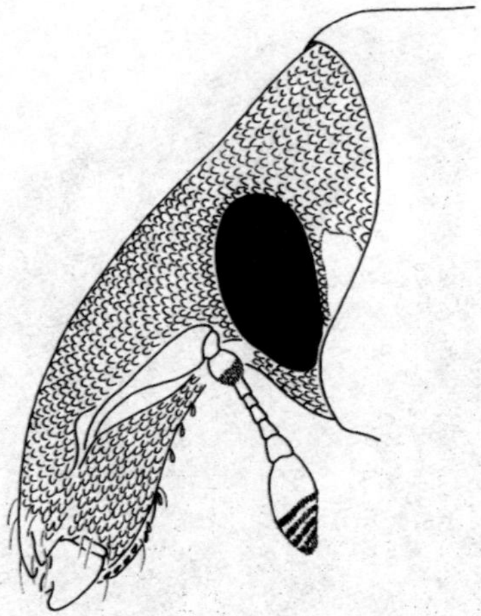

图 2–7　头部侧面特征描绘

（引自 ARNETT R H, Jr, THOMAS M C, SKELLEY P E, et al. Polyphaga: scarabaeoidea through curculionoidea: volume Ⅱ [M]//American beetles. Boca Raton: CRC press, 2002.）

幼虫：幼虫分为 4 个龄期。老熟幼虫体长 8 ～ 10 mm。白色无足，头部褐色，体形略向腹面弯曲。在第 2 至第 7 腹节背中线两侧各有脊状突起，这 6 对脊状突起和稍向前倾的羊角状呼吸管是稻水象甲幼虫重要的形态特征。稻水象甲幼虫活体如图 2–8 所示。

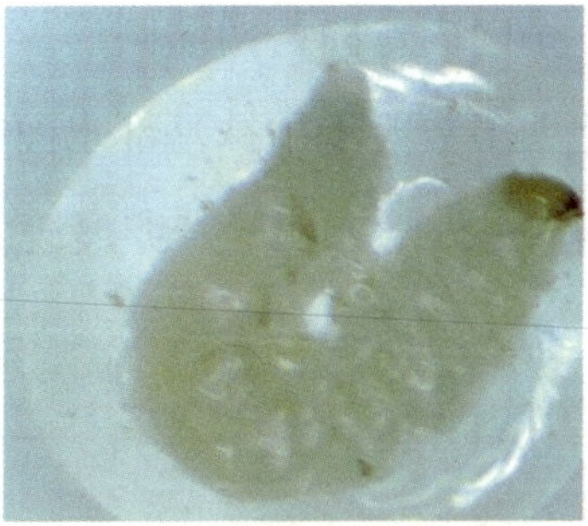

a

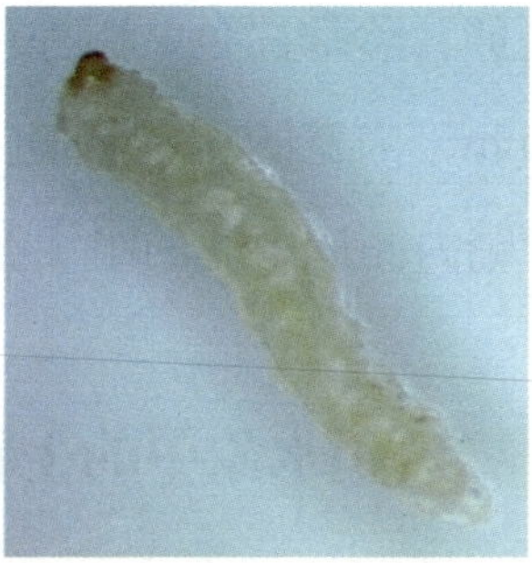

b

图 2-8　稻水象甲幼虫

蛹：老熟幼虫附着在稻根上做土茧（图 2-9），略呈椭圆形，长径约 5 mm，短径 3 ~ 4 mm。蛹白色，复眼红褐色，除附属器官未伸展外，形态与成虫相似。

图 2-9　稻水象甲蛹

卵：珍珠白色，圆柱形，稍向内弯曲，两端圆形。长约 0.8 mm，为宽的 3 ～ 4 倍。绝大多数产于植株基部水面以下的叶鞘内侧近中肋的组织细胞内，外形无明显产卵痕迹。

二、稻水象甲的生物学特性

稻水象甲为半水生昆虫，幼虫和蛹营水生生活，在水下稻根部分取食，造成稻根损伤腐烂，形成烂秧。

成虫具有趋光性、趋嫩性、群聚性和假死性，体表被密致鳞片，中足胫节具游泳毛等水生昆虫的形态结构，半水生性。

稻水象甲属完全变态昆虫，有卵、幼虫、蛹和成虫 4 个发育阶段。其生殖方式有两性生殖型和孤雌生殖型。传入中国的稻水象甲为孤雌生殖型。孤雌生殖型比两性生殖型更易扩散蔓延，抗逆性和繁殖能力强，具有一定的飞行能力。

稻水象甲幼虫主要在水稻的根部活动（图 2–10），成虫羽化后出土，在水稻叶鞘缝隙中活动、隐藏，气温高时在水稻叶片上取食，补充营养。成虫取食寄主范围较广，据报道，成虫可在 10 科 64 种植物上取食，幼虫可危害 5 科 15 种植物。成虫取食仅啃食叶片叶脉间的表面叶肉，在叶片单面形成不穿透的串状白色咬痕。成虫取食属补充营养，不是稻水象甲的主要危害。幼虫取食植物根须，进而完成生活史，是稻水象甲的主要危害阶段。

a

b

图 2-10　经历了稻水象甲幼虫啃食的水稻根

稻水象甲在寒冷和单季稻区每年发生一代，如河北、吉林、北京和山东等地。在温带和双季稻区每年发生一代或两代，如浙江的温岭、玉环等地每年发生一代和一个不完全二代。

稻水象甲以成虫的形式滞育在稻草、稻茬、水田周围的禾本科杂草，在田埂土、树林落叶及住宅附近的草地中越冬。越冬代成虫在春季温度达 10 ℃左右时开始复苏活动，首先为害禾本科植物的新叶。在稻田灌水插秧后，迅速从越冬场所转移到田间水稻植株，在水中游动，取食为害秧苗叶片以供其卵巢成熟所需的营养。稻水象甲生活史如图 2-11 所示。

成虫一般在稻田水淹后开始产卵，水对成虫产卵十分重要，深水条件下产卵多，93% 的卵产在位于叶鞘水淹部分的基部一半处，5.5% 产在淹水的上部，1.5% 产在根里。产卵期 1 个月，单头雌成虫可产卵 50 ～ 75 粒。每头越冬代成虫平均产卵 54 粒，每日产卵 1 ～ 2 粒，主要在白天产卵。稻水象甲卵期约 7 d。卵孵化后，初孵幼虫仅在叶鞘里钻蛀取食短暂时间，之后沿植株爬向水稻根部，在根部取食根须。第一代幼虫期 30 d 左右，蛹期 5 ～ 14 d。

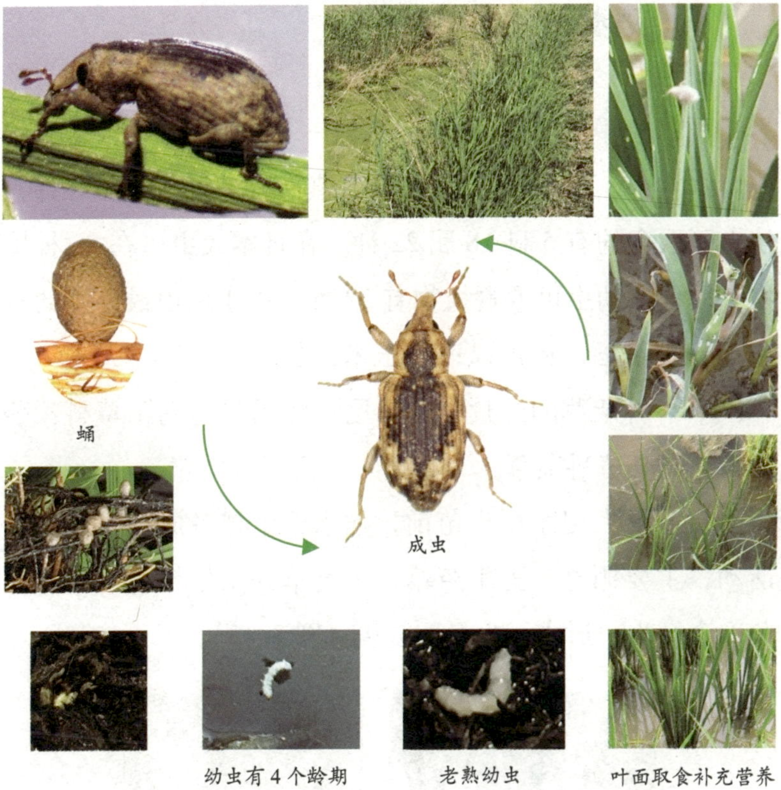

图 2–11　稻水象甲生活史

羽化成虫从附着在根部上面的蛹室爬出，取食稻叶或杂草的叶片补充营养。成虫平均寿命 76 d，雌虫寿命更长，可达 156 d。危害时虫口密度可达每平方米 200 头以上。

三、稻水象甲的寄主植物

稻水象甲成虫食性较杂，可在多种植物上取食补充营养。据报道，在美国成虫取食的植物有7科56属76种，幼虫可取食的有5科18属22种。在日本成虫可在86种植物上取食，幼虫可取食植物有22种。稻水象甲最重要的寄主植物是水稻，还可以取食玉米、甘蔗、小麦、大麦、牧草、禾本科杂草的叶片，也可取食泽泻科、鸭跖草科、莎草科、灯心草科杂草。

在宁夏大田水稻出苗前，稻水象甲越冬成虫已经开始活动，主要栖息于野生芦草、三棱草等水生植物上，有部分取食行为，形成了少量取食斑（图2-12）。

a　　　　b

图2-12　稻水象甲在野生芦草、三棱草上的取食斑

四、稻水象甲的危害特点

成虫单面啃食水稻等植物叶片叶脉间的叶肉，形成串状白色啃痕（图 2–13），多数情况下不穿透叶片。幼虫孵化后沿水生植物的茎部叶鞘缝隙入土进入植物根部进行危害。虫量多时，可将稻秧根部吃光，而幼虫在泥中仍能生存。

a

b

图 2–13　稻水象甲植物叶片取食

稻水象甲在我国以成虫形式在山地、荒地和田埂等场所越冬，主要存在于 4 ～ 5 cm 的土表层或浅土层，耐低温性强，在 –5 ℃下 3 个月后的生存率在半数以上。研究表明，干燥对其越冬不利，气候和水稻栽培条件是影响稻水象甲在不同地区发生和世代数的主要因素，但主要是第一代幼虫危害早稻。在水稻收割前后，绝大部分成虫迁入附近的山坡上先越夏再越冬，第二年 4 月中下旬至 5 月上旬，再从山上迁入秧田、田边杂草和本田为害产卵（图 2–14）。

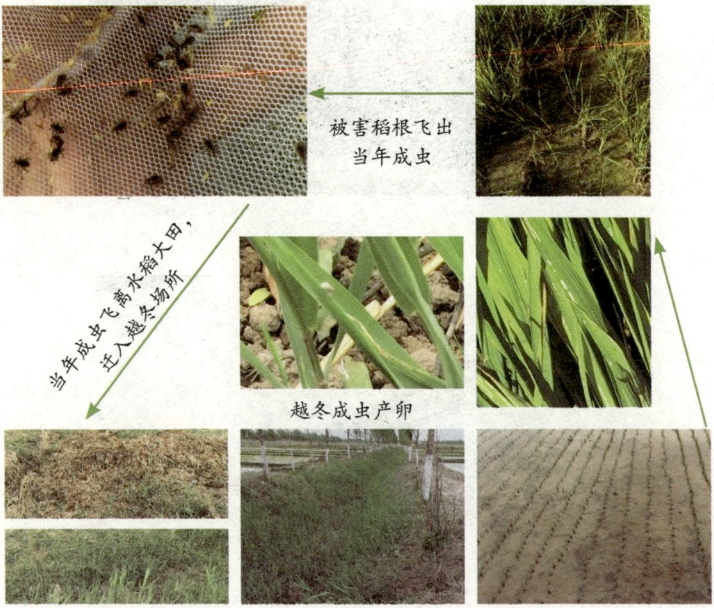

图 2–14　稻水象甲的发生与越冬

在北美原产地，稻水象甲分为两性生殖型和孤雌生殖型。入侵我国后，全部为孤雌生殖型，即一头活雌虫传入便可繁衍生殖后代，无须雌雄交配，因而传播机会大大扩展。稻水象甲主要为害水稻，也有在小麦、玉米等多种农作物叶片上取食的情况。稻水象甲成虫产卵于水稻茎秆水下叶鞘部分，初孵幼虫仅在叶鞘内取食，后沿叶鞘间隙进入根部取食。幼虫在稻根咬断根须，为害轻者稻株变黄萎缩，重者整株枯死（图 2–15 至图 2–18）；羽化成虫从附着在根部上面的蛹室爬出，取食稻叶或杂草的叶片，咬食水面秧苗的茎叶，被害心叶抽出后，轻者出现一列横排小孔，重者稻叶折断漂浮水面。由于稻水象甲适生范围广、繁殖能力强、危害时间长、可进行孤雌生殖、成虫生活习性多样、越冬场所多、扩散速度快，防控难度很大，一般会造成水稻减产 15% ~ 20%，严重的减产 50% 以上，甚至绝收。

图 2–15　稻水象甲在水稻根部危害造成的稻田死苗烂秧区

图 2-16　稻水象甲在水稻叶片叶脉间取食形成的白色咬痕

图 2-17　被害水稻根部密集的稻水象甲幼虫

图 2-18　一丛稻秧根部捡出的大量幼虫

五、稻水象甲的传播扩散及其在国内的分布

研究外来有害生物的来源、扩散途径及其入侵后的分布是开展防控、减少入侵地损失的基本需求。稻水象甲传入国内后，科研人员对其来龙去脉进行了全面的研究，在此基础上，确定了以检疫为主的防止蔓延扩散的策略。

（一）稻水象甲的原产地

稻水象甲原产于美国，原产地有孤雌生殖和两性生殖两种生殖方式，随稻草传入日本后，只有孤雌生殖型。迄今为止，稻水象甲已经扩散至亚洲、北美洲和南美洲的10多个国家，对全球稻米生产构成严重威胁。

（二）稻水象甲的传播途径

短距离传播：主动飞行、依靠水流。飞翔的成虫可借气流迁移10 000 m以上。

长途扩散：随稻秧、稻谷、稻草及其制品、其他寄主植物借助交通工具（轮船、火车、汽车等）跨洲、跨国、跨地区传播。

传入中国的途径：1976年进入日本，1988年扩散到朝鲜半岛，同年首次出现于河北唐山，1990年在北京清河出现。截至1997年，稻水象甲已在8个省（直辖市）的54个县、市出现。截至2014年，全国25个省（自治区、直辖市）受到稻水象甲的危害。

（三）稻水象甲在中国的分布现状

1988年，我国首次在河北唐山发现了稻水象甲，同年朝鲜发现此虫。1989年，稻水象甲已传至距丹东仅150 km的朝鲜平安南道的肃川郡。1990年，丹东市农业局接到中国驻朝使馆经参处的通报：稻水象甲已蔓延至距丹东仅80 km

的朝鲜平安北道的博川郡。这一消息引起我国高度重视，并迅即在中朝边境我方一侧设立了 8 个稻水象甲监测点。

1991 年 7 月 28 日，在东港市前阳镇监测点的黑光灯上发现了辽宁的第一头稻水象甲成虫。经鉴定，确认此虫是越过中朝边境传入辽宁的。同年，在东港市的 4 个乡镇的 6 个村也发现了稻水象甲。

1992 年 7 月中旬，大连市动植物检疫局同沈阳农业大学师生在绥中县万家、网户两个乡镇 3000 亩水稻田中捕到了 3 头稻水象甲成虫。

2014 年 8 月，宁夏农林科学院植物保护研究所科研人员在宁夏临近叶盛黄河大桥的两岸稻田里发现了稻水象甲成虫。

稻水象甲疫情自 1988 年开始在中国沿海出现后，便迅速在全国扩散蔓延。贵州是已见报道中稻水象甲大面积入侵的最高海拔地区，西北的新疆伊犁河流域已发现入侵，东北的辽宁、吉林早在 20 世纪 90 年代就已发现。

截至 2014 年，稻水象甲在国内已分布在 25 个省（自治区、直辖市）（表 2-1），全部为孤雌生殖型。

表 2-1　国内稻水象甲发现时间及地点

时间	省份	稻水象甲发生区域
1988 年 6 月	河北	唐海县、秦皇岛市、抚宁县、承德稻区（滦平县）
1990 年 3 月	台湾	桃园县、新竹县、苗栗县
1990 年 6 月	天津	汉沽区、宁河区
1990 年 8 月	北京	海淀区清河镇
1991 年 7 月	辽宁	辽阳市、海城市、鞍山市、丹东市、盘锦市、沈阳市、抚顺市、铁岭市
1992 年 6 月	山东	东营市河口区
1993 年 5 月	浙江	乐清市、温州市、玉环市
1993 年 7 月	吉林	集安市、东丰县、辽源市、通化市、伊通满族自治县、舒兰市、公主岭市
1996 年 4 月	福建	福鼎市、邵武市、宁德市
2001 年 5 月	安徽	桐城市、安庆市、太湖
2001 年	湖南	长沙市、湘乡市、湘阴县、株洲县
2003 年	山西	原平市、忻州市、代县
2003 年	陕西	汉中市、安康市宁陕县、石泉县
2005 年	内蒙古	通辽市
2007 年 5 月	江西	乐平市、江西东乡区、临川区、金溪县、瑞昌市、九江市、余江县等

续表

时间	省份	稻水象甲发生区域
2007 年 6 月	黑龙江	牡丹江市、东宁市
2007 年	云南	嵩明县
2008 年	湖北	当阳市、十堰市、鄂州市、房县、城关镇、红塔镇、军店镇、化龙堰镇、窑淮镇、青峰镇
2010 年	新疆	乌鲁木齐市、伊犁州察布尔县等
2010 年	贵州	贵阳市、安顺市、遵义市、福泉市、黔南州、修文县、黔南遵义县乌江镇、息烽县
2011 年	四川	内江市龙城县、乐山市井研县、渠县等
2014 年	宁夏	灵武市、永宁县、吴忠市利通区、青铜峡、中卫市沙坡头区、中宁县

六、稻水象甲在宁夏的危害及危险性

2014 年 8 月，宁夏稻田发现稻水象甲，随着研究人员的调查核实，宁夏银川以南的大部分稻区都发现了稻水象甲成虫。因水稻种植管理水平不同，各地田间虫量不同，一些地区已经形成严重危害。银川以北地区扩展到临近银川的乡镇，平罗县以北地区尚未发现稻水象甲成虫。银川以南一些低洼地区的常年稻田已经出现大片死苗烂秧的情况，田间检查时，随机拔一丛被害秧苗，根部检出72条成虫，放置在笼网里20多天后，有38个成虫羽化出土（图2-19）。田间网捕，10网可扫入百余头成虫。以上数据说明，稻水象甲在宁夏引黄灌区稻田扩散快，种群数量繁殖十分迅速，值得人们高度警惕。

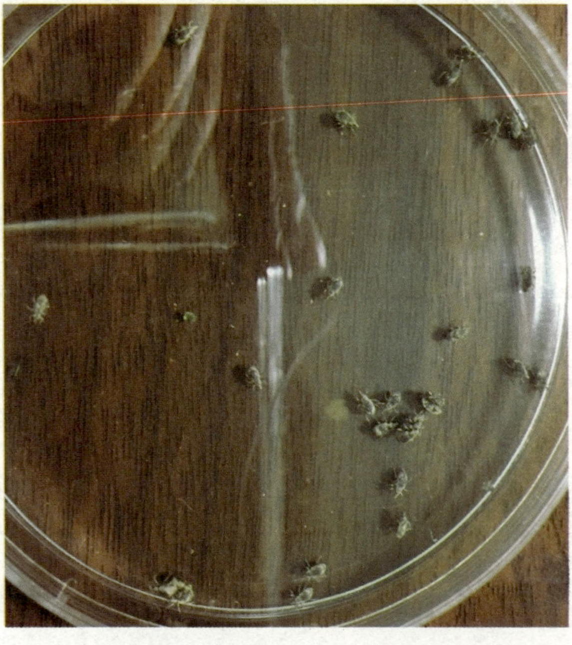

图2-19　被害水稻根部留置网笼后羽化出的成虫

宁夏引黄灌区的水稻种植区四周荒漠环绕，因黄河水种植水稻，生态环境相对脆弱。外来物种在种植区扩散，一旦达到一定的数量，后果将十分严重。银川以南的区域都有稻水象甲入侵，沿黄河区域较严重，靠近贺兰山的稻田尚未发现。2016 年 7 月底发现的稻水象甲严重发生的田块，就说明虫量之大已经到了不容忽视的地步，如果不努力控制，将严重威胁宁夏引黄灌区优质水稻的生产安全。宁夏水稻虽然总面积在全国不算大，却是宁夏各族人民的传统优质主粮，社会与经济意义非同一般。如果宁夏水稻生产受到严重影响与威胁，将直接影响该地区民众的日常生活，特别是 2016 年出现危害严重、几乎绝产的稻田地块后，必须对稻水象甲的危害予以高度重视。

第三章

稻水象甲的防治措施

稻水象甲具有一般害虫没有的三大特点：一是孤雌生殖，繁殖能力极强。每头成虫平均可产卵 60 ~ 100 粒。二是适应环境能力极强，水中浸泡 20 ~ 30 d 不会死亡。耐饥饿，抗逆性强，在 –15 ℃仍能越冬。三是传播速度快，稻水象甲能爬、能飞，趋光性强，能在水面游泳，能随气流、交通工具扩散传播。

针对稻水象甲的特点，检疫仍然是隔离不同地区成虫传播的主要方式。结合宁夏的实际，防控稻水象甲疫情采取分片围歼、联防联治、严控扩散的策略，具体防控措施应该是狠杀越冬代成虫，即水稻收获后，针对田埂、排水沟的杂草进行化学药剂杀虫。次年春天，插秧前，越冬后的稻水象甲开始活动，也要针对越冬场所杀虫。当年第一代幼虫，可以结合水稻生长，在水稻返青定植后，大约 7 月初，排干稻田水，施放毒土。第一代成虫出现在 8 月的中下旬，此时稻水象甲出现与水稻灌浆期同期的情况，施药需要注意水稻的农药安全期，务必在 8 月下旬前完成施药，进入9月就不能再施药了。施药时，尽量在水稻根部喷施，叶面施药的杀伤效果十分有限，因为稻水象甲成虫大部分时间在水稻根部以上活动，下午4—6时温度高时才到叶面活动。

防治应以村为单位统一联防联治，不留死角。参考国内外科研人员的研究报告，近年常见的稻水象甲防治措施有以下几个方面，汇编在一起供种植业户参考。

一、国内检疫

稻水象甲远距离传播还是以借助人类活动为主，虽然在我国有一定分布，但总体还是在局部片区，如宁夏的银北地区，2014年以来一直监测调查，尚未发现稻水象甲成虫。因此，加强植物检疫是防止稻水象甲传播和蔓延的关键措施。严格限制发生区的可能携带稻水象甲的植物及植物产品流入未发生区，可有效延缓该虫向未发生区扩散的速度。

具体检疫规程如下：

① 田间发现疑似稻水象甲成虫，经自治区植物检疫机构核查，确认是稻水象甲，该稻水象甲发现地即确认为发

生区，未发现稻水象甲的区域为未发生区。

② 稻水象甲发生区的稻草及其制品、稻谷严禁调出到未发生区。发生区水稻收获后要严格处理田间稻茬，收集后，集中安全焚烧。

③ 未发生区不要购买和使用来自发生区的稻草及其制品、稻谷，要加强田间监测，严防稻水象甲扩散传入。未发生区调入任何外来的稻草及其制品、稻谷都要经过检疫，查验其检疫证，否则不能调入。

④ 其他检疫措施：一是加强产地检疫、调运检疫和市场检查，禁止在发生区内繁育和私自串换水稻种子、秧苗；二是加强植物检疫宣传，普及外来有害生物知识，提高农业从业者的有害生物防控意识。

二、农业防治

利用水稻品种的耐虫、抗虫性。不同水稻品种对稻水象甲具有不同的耐性或抗性，如我国台湾的研究表明，新竹 64 为抗性品种，台农 67 为易感品种；还有辽宁的农家品种 T03，其抗虫性目前也正在转育利用；美国选出了 WC-1043、CI9881 等具有中等耐害性的品系。据辽宁省农科院植保所报道，选用晚熟品种比早熟品种受害轻，因为早熟品种孕穗期正值幼虫为害期，而晚熟品种的孕穗期却能避开幼虫的为害。另外，研究表明，发根力强的品种自身补偿能力强，耐稻水象甲幼虫危害。叶脉间距小、硅质细胞数目多的品种，耐稻水象甲成虫危害。

调整种植期，适当推迟插秧期，适时移栽健壮苗，并尽可能集中时间插完，以躲避越冬成虫危害，缩短该虫在稻田的产卵期。日本东海地区的实践表明，插秧越早受害越重，到 6 月下旬移栽，秧苗的虫口密度急剧下降。在宁夏稻区虽然不能推迟到 6 月下旬插秧，但适度错开 5 月中旬的稻水象甲活动期，有利于减轻大田危害。

加强田间水、肥管理。稻水象甲产卵与稻田水的深度密切相关，严重被害的稻田（图 3–1）往往是在 6 月中下旬到 7 月初水灌得比较多的田块。因此，6 月初在水稻定植后的 15 ~ 20 d，通过降低或排干稻田水，可以抑制成虫产卵和初孵幼虫入土，减轻幼虫的危害。在幼虫发生期，排干稻田里的水 20 d 以上，制造干旱的水稻根际环境可抑制幼虫发育，促进水稻根系发育，所以，水稻苗期浅水管理或干湿交替管理，既可以减轻稻水象甲发生危害，又可以提高水稻后期生长发育能力，以补偿苗期稻水象甲对水稻根系的危害，弥补一部分危害损失。

（注：依据水稻根部枯死浮萍的位置，可见早期稻田的水位较高，因此被害严重，几近绝产。）

图 3-1　被害田绝产的情景

施肥方面，随着氮肥施用量的增加，幼虫量呈直线增长，故合理施肥可压低稻水象甲种群的密度，减轻水稻受害程度。

随着工业化进程加快，农民有减少稻田农艺操作的趋向，田间耕作粗放，有的稻田 10 多年不轮作，使病虫害在田间繁衍、累积。因此，提倡合理轮作，秋季翻田晒垡是抑制各种病虫害的有效农艺措施。水稻收割后对稻田进行翻耕或耕耙，可消灭稻田中大部分的越冬成虫，从而降低来年的危害程度和防治压力。

稻田翻耕后，要收集田间稻茬，集中处理，切不可堆放在田埂上，成为稻水象甲的良好越冬隐蔽物。

水稻收获后，及时清除水稻种植地的各种残茬，除去田埂杂草，最好能翻挖杂草草根。铲除稻田附近杂草，尤其是野生芦苇、狗尾草、茅草茂密的地边，要集中铲除与处理，降低越冬成虫基数。如能翻挖土壤、清除田间地头的芦草根、排除沟渠积水，对稻水象甲越冬的控制效果会更好。

入冬前和春天，在稻水象甲发生地周边的杂草上喷药是控制越冬成虫的有效方法（图 3-2）。

图 3-2　插秧时节针对稻水象甲越冬场所施药杀灭越冬成虫

三、生物防治

关于稻水象甲的生物防治，国内开展了不少研究，初步结果表明，以下 5 个方面有望用于大田防治。

①保护捕食性天敌。稻水象甲的捕食性天敌较少，对成虫具有一定捕食作用的天敌主要有鸟类、蛙类，以及蜘蛛等，尚未见专一性强的天敌。一般认为，稻田、沼泽地栖息的鸟类、蛙类均可捕食稻水象甲成虫；淡水鱼类既可捕食成虫，又可捕食幼虫；结网型和游猎型蜘蛛均可捕食成虫；步甲等捕食性天敌可猎食各种虫态的稻水象甲。

②利用寄生线虫。据报道，用芜菁夜蛾线虫和毛纹线虫处理稻水象甲成虫，室内试验表明，成虫死亡率可达 100%，说明供试线虫对稻水象甲成虫具有很强的致死作用，并且作用速度快。此外，嗜菌异小杆线虫和夜蛾斯氏线虫 Otio 品系对稻水象甲成虫的致死能力较强。

③利用微生物制剂。国内外研究人员已在稻水象甲成虫上分离到多种真菌类病原微生物，如球孢白僵菌、绿僵菌、琼斯多毛菌和虫霉菌等，球孢白僵菌、 绿僵菌的致病力及其田间防治已有一定研究，说明微生物制剂在稻水象

甲的防控中具有一定的应用潜力。国外已有利用绿僵菌防治稻水象甲、甘蔗龟等鞘翅目害虫成虫的经验。国内一些省份使用绿僵菌防治稻水象甲的效果较好，防效稳定、残效期长、选择性强，对河蟹等稻田水生生物安全无害，且其扩繁技术简单，开辟了稻水象甲生物防治的新途径。在成虫产卵期施用绿僵菌，对控制稻水象甲有明显的作用，但由于绿僵菌为迟效菌，因此对虫口高发区，最好先喷化学农药，以压低虫口密度再行放菌，或放菌后施药，或菌药混合施用较为安全；白僵菌的杀虫速度极慢，故还需研究与其他防治因子结合使用的途径与方法，以达到有效治虫的目的。

④筛选或研制开发植物源杀虫剂。研究表明，一些植物源杀虫剂对稻水象甲具有一定的防治效果，但并不理想。例如，苦参碱、印楝素、烟碱等防效较低，主要起驱避、拒食作用；天然菊酯虽对成虫的防治效果好，但对虾、蟹等水生生物杀伤力大，且对稻飞虱有刺激产卵作用，杀伤其天敌，从而引起稻飞虱种群的猖獗，因而一般不使用菊酯类杀虫剂。

⑤植物诱杀。在当年成虫羽化后，利用稻水象甲的趋嫩性，在稻田附近设置稻苗，诱集稻水象甲成虫取食，进

而杀死稻水象甲成虫，减少越冬成虫基数。稗草等植物有石竹烯等挥发物，对稻水象甲具有引诱作用，可以利用这些植物，如游草、“特早稻秧苗”等对其进行诱杀。春天插秧前后，野生芦苇也扮演了诱集植物的角色，可以针对这些植物施药灭杀稻水象甲成虫。

四、物理防治

稻水象甲成虫具有趋光性，在气温 20 ℃以上的无风或微风天气，黑光灯诱集效果较好。在稻田附近架设诱集杀虫灯，可通过诱杀，压低成虫的越冬基数。春天（在 5 月 20 日以后），天气暖和后开灯诱集，此时杀死任何成虫都能有效减少迁入大田的虫口数量。

此外，可以设置防虫网，阻止稻水象甲迁入稻田，因为稻水象甲的飞行能力差。由于其成虫产卵需要水条件，故可以覆膜无水栽培，减少稻株上的落卵量。

在水稻生长期，可以使用漂浮在水面的专门装置抽水过滤，陷捕水中的稻水象甲成虫，通过捕杀减少田间的稻水象甲成虫数量。

五、化学防治

化学（农药）防治是控制稻水象甲危害的不可缺少的主要手段。鉴于稻水象甲的生活习性，其成虫取食范围有限，多数时间活动在稻根部分，故叶面喷药对稻水象甲的防治作用有限。

美国自 20 世纪 70 年代末以来一直使用克百威颗粒剂作为稻水象甲防治的主要药剂，但后来该药被禁止在一些作物上使用。日本、韩国和我国台湾地区主要以撒施颗粒剂和育秧箱施药防治稻水象甲，新的农药剂型 (如包衣剂、漂浮剂) 和新的施药方法也正在试验之中。

1988 年以来，我国各地进行了防治稻水象甲的药剂筛选工作，迄今为止，关于水稻防治，登记及使用最普遍的药剂有三唑磷、氯虫苯甲酰胺、氯虫·噻虫嗪、嘧菊酯、啶虫脒、辛硫磷、吡虫啉、噻虫嗪、毒死蜱等，单剂或混合搭配使用皆可。

防治要求：

① 在发生区，要集中技术人员及时进行普查，摸清稻水象甲的危害范围，迅速开展药杀越冬代成虫的措施。

② 在越冬代成虫的活动高峰期 (6 月上中旬)，防治

越冬代成虫宜早；在当年羽化成虫的活动高峰期（7 月至 9 月上旬），防控当年羽化成虫时，需谨慎用药，注意稻谷的安全期。

③ 在 5 月下旬至 6 月初和 8 月上中旬，对越冬代和当年羽化的幼虫进行田间统一药杀。

④ 发生稻水象甲的地区要因地制宜，选择高效低毒的农药进行化学防治，有条件的可以组织专业化防治队伍统一施药防治，以提高防治效果。每次施药后，必须组织技术人员进行药效调查，未达标的要及时补治。

具体实例如下：

实例一 在水稻移栽前 3 ~ 5 d，亩用 200 g/L 氯虫苯甲酰胺 5 g 兑水 70 kg，均匀喷雾。移栽前浸秧根，将秧捆在 150 mg/kg（吡虫啉）药液中浸根 1 h 后移栽，可有效抑制稻水象甲在本田产卵，达到控制幼虫的目的。

实例二 在水稻移栽 1 周后，亩用 5% 辛硫磷颗粒剂 2 ~ 3 kg，与一定量的干细砂土拌匀，均匀撒施于水田中，撒毒土前保水层 4 cm，处理后 1 周不排水灌水。

实例三 在水稻分蘖盛期，亩用 20% 氯虫苯甲酰胺 10 mL，或 40% 氯虫·噻虫嗪水分散粒剂 8 ~ 10 g，或 70% 吡虫啉水分散粒剂 10 ~ 15 g，或 5% 啶虫脒乳油 30 mL 兑水 30 kg，均匀喷雾，可兼治稻纵卷叶螟、二化螟等鳞翅目害虫。

实例四 在水稻破口期，亩用 20% 氯虫苯甲酰胺 10 mL，或 40% 氯虫·噻虫嗪水分散粒剂 8 ~ 10 g，兑水 30 kg，均匀喷雾，可兼治稻纵卷叶螟、二化螟等鳞翅目害虫。

实例五 对于水稻和稻蟹套养等水田，亩用 20% 三唑磷乳油 100 ~ 150 mL，或 25% 噻虫嗪 4 g，或 48% 毒死蜱 80 mL，或 10% 苦参碱 75 mL 等低毒农药，兑水 30 kg，均匀喷雾，施药时间最好是在下午 4—6 时，这时防治效果最佳。

实例六 防治稻水象甲成虫，亩用 48% 毒死蜱 150 mL 兑水 30 kg，均匀喷雾；防治稻水象甲幼虫，亩用 48% 毒死蜱 200 mL，拌 20 ~ 30 kg 细土，均匀撒施。

特别强调防治时间，在每天上午 9 时之前、下午 17 时以后防治效果最佳，因为此时间段稻水象甲成虫在叶表面活动。具体用什么药，应当根据当地农药市场供应情况，选择对人畜低毒的触杀和熏蒸作用较强的药剂，或者在农业技术人员的指导下，根据具体稻田情况而定。

六、综合防治，多管齐下防控稻水象甲

稻水象甲是一个受体内内生菌影响的、抗逆性和繁殖力极强的孤雌生殖害虫，其生活的场所多在水中。因此，稻水象甲的防控需要综合农艺、生物和化学农药等多种防治手段在其生活史的不同阶段进行控制。稻水象甲的越冬成虫在越冬前和越冬后均可进行化学药剂防治，水稻收获后和插秧前，没有安全期的顾虑，可以重点防治。同时配合翻田整地，扰动稻水象甲的越冬场所，杀灭越冬成虫。水稻生长期间，可以使用排水、晾根、施毒土的办法，也可使用微生物制剂防除稻水象甲产卵成虫和幼虫。

稻水象甲作为国际性检疫有害生物，新传入宁夏两三年时间，虽然已经扩散到一定范围，但虫量还不大。对稻水象甲的防控，要按检疫害虫防治指标为 0 的原则来控制，实行全种群综合治理策略，以彻底消灭为目标，不留后患。

要做好疫情的防控工作，需严格防止稻草制品互窜流动，已发生的地区要意识到输出的稻草制品是有害的，自觉控制外输；未发生的地区要保护好自己的稻田，尽力防止稻水象甲传入。各方面都要提高对稻水象甲危害的认识，采取切实有效的措施，延缓疫情扩散和蔓延的速度。

据多年监测调查，稻水象甲扩散主要借助运输工具。稻水象甲入侵中国稻区后，已经遍布25个省（自治区、直辖市），各地呈核心分布态势，检疫仍是主要控制手段。在农田防治策略上，要积极采取以农业防治为主导，以化学防治为辅导的稻水象甲防控策略，注意保护和利用天敌，注重生物防治技术的应用。进一步筛选、研制开发对稻水象甲高效而对水生生物和环境安全的新药剂、新剂型和新的施用方法。加强检疫，注重全国各发生区的宏观管理，控制稻水象甲的扩散，促进水稻生产的可持续发展。

第四章

稻水象甲的综合防控技术与方法

田间监测，捕捉稻水象甲成虫

及时识别、上报疫情

严格控制发生区的水稻、稻草及其

相关制品外流

从播种开始就要重视防控

坚持统防统治

村镇守土尽责

稻水象甲的入侵与危害，应当引起我们高度重视。广大种植业者和水稻种植户也要密切关注自己稻田的害虫状况，遇到稻水象甲，需要认真做好以下工作。

一、田间监测，捕捉稻水象甲成虫

在宁夏，每年 5 月 20 日到 9 月底水稻收获这段时间，如果稻水象甲已经入侵，基本都可以在田间见到稻水象甲成虫。其中有两个成虫出现高峰，6 月至 7 月中旬，田间能见到较多的越冬后迁入大田的成虫；8 月中旬以后大量出现的是稻水象甲的当年成虫。二者外观上略有差别，越冬虫体表土比较多，背部的黑斑也显得比较暗、陈旧，有些稻水象甲的成虫还会有残缺。当年新的一代成虫体表比较新鲜，黑斑鲜亮，略有光泽。

二、及时识别、上报疫情

捕捉到的成虫疑似是稻水象甲的话，要及时报告农技推广部门或植物检疫机构，同时把捕捉到的成虫交给专业人员处置，不要把成虫放回田间。误报情况可由专业人员查证核实，个人无须担责；切不可隐瞒不报，任由稻水象甲繁殖蔓延，害人害己。

宁夏回族自治区植物检疫站电话：0951-6716015。

三、严格控制发生区的水稻、稻草及其相关制品外流

已经核实，确定为稻水象甲发生区的田块，要积极配合开展防控，田间的稻草及其制品不能外运到其他地区，田间的稻根残茬要及时处置。同时在田间条件许可的情况下，合理轮作。无法轮作的常年稻田，要深耕土地，晾晒，耙平，捡出田间稻根残茬集中处理。通过农艺操作，杀灭土壤里的稻水象甲成虫。

四、从播种开始就要重视防控

水稻播种或育秧时，坚持选择非稻水象甲发生区的稻种，稻水象甲发生区则不要留种。同时，播种或育秧准备阶段，要认真检查稻种，对稻种进行必要的处理，防止稻水象甲成虫的带入。

五、坚持统防统治

在稻水象甲的防控措施上，我们要坚持“统一领导、统一安排、统一时间、统一药剂”，进行联合防治，不留死角。

六、村镇守土尽责

各村镇在上级农技推广部门的统一指挥下，联起手来，一心治虫，确保自己辖区的稻田无虫，全区干部群众一起努力，就可以把稻水象甲危害控制在较低的水平，恢复宁夏安全的水稻生产环境，力保宁夏的优质水稻生产持续发展。

第五章

稻水象甲田间监测调查方法

调查与监测的目的及要求

调查与监测重点

调查方法

监测方法

其他调查与监测方法

对稻水象甲发生区进行田间监测调查是掌握虫口动态的基本需求。为规范田间调查和防控操作，应遵循国家已发布的《稻水象甲检疫鉴定方法》（NY/T 1482—2007）、《稻水象甲监测技术规范》(NY/T 2412—2013)和宁夏发布的《稻水象甲检疫及防控技术规程》。

一、调查与监测的目的及要求

通过调查和监测，查明稻水象甲疫情发生的区域、面积、危害作物、虫口密度、被害率和危害损失率。已发生疫情的市、县（区）要全面开展普查，以越冬场所和田间调查为主；未发现疫情的市、县（区）至少要设立有代表性的监测点2个，坚持常年监测，主要用灯诱法和田间网扫法进行观察。

二、调查与监测重点

以黄河沿岸水稻生产区为重点，主要调查稻田及稻田周围的草地、田埂、沟渠、路旁新萌发的禾本科杂草。

三、调查方法

（1）越冬场所调查

在 4 月中下旬成虫迁出期，气温转暖，越冬成虫开始复苏并取食，这一时期是越冬场所调查的最佳时期。由于成虫取食趋嫩绿的习性，首先要调查稻田周围的草地、田埂、沟渠、路旁新萌发的杂草。重点检查白茅、芦苇、狗尾草等稻水象甲嗜好的寄主植物幼嫩叶片上是否有成虫取食造成的白色长条为害状斑痕。一旦发现了成虫为害状，就要在受害植株及邻近寄主植株的根丛基部仔细调查，可采用查土法。使用稻水象甲越冬调查表记载调查人员、时间、地点、点数、面积等，拍摄调查现场，保留图片及经纬度等资料。

（2）田间调查

应选择在稻秧田后期和移栽后的苗期进行田间调查。

越冬代成虫迁入秧田或本田取食，因此，插秧前一周至插秧后一周调查秧田和本田是最有利时机。进入秧田或本田的成虫在幼嫩水稻植株的叶片上不断取食，此期水稻植株较小，且新植水稻株距较大，便于观察。调查时主要在田埂巡查，用肉眼观察稻苗叶片的尖部和叶缘上是否有成虫留下的取食斑，观察叶面上是否有成虫。成虫对田块周边植株的危害重于田块中间，所以应重点检查田块周边的叶片，如果发现为害状，则应仔细寻找成虫，利用稻水象甲的假死习性，拍打植株，观察是否有成虫掉落水中，或者拍打时在植株下放白瓷盆收集；也可利用成虫爬集叶尖待起飞的习性，在日落前后观察叶尖上是否有成虫。

调查中应认真填写稻水象甲田间疫情调查记录表，记载调查时间、地点、面积、虫口密度、为害程度等调查内容，调查员签名以示负责。为害程度可按被害株率分级，“+”表示 10% 以下，“++”表示 10% ~ 30%，“+++”表示 30% 以上。发现疫情要及时向有关部门报告疫情出现的时间、地点、严重程度等，以便迅速采取有效扑灭措施。

四、监测方法

（1）灯诱法

稻水象甲不仅有较强的飞行能力，而且具有明显的趋光性，在发生区进行灯诱监测可以掌握稻水象甲在当地的迁飞规律，确定越冬成虫从越冬场所迁入稻田和新成虫从稻田迁向越冬场所的始发期、高峰期和终止期。

诱虫灯设置在稻区的田间或地头，一般可采用市场上出售的 25 W 普通黑光灯或频振式杀虫灯，灯高距离地面 1.5 m。在每年的越冬成虫从越冬场所迁向稻田开始至新成虫羽化后从稻田迁向越冬场所的飞行迁移活动完成这一期间，每日日落前开启诱虫灯至次日日出前关闭，并将收集成虫的容器带回实验室内检查，逐日填写灯诱监测记录表，统计诱集到的成虫数量，详细记载气温、风力、阴、晴等气象信息资料，以备数据分析时参考。

（2）网扫法

利用准备迁出越冬场所的稻水象甲成虫和新羽化在稻田及其周边沟渠杂草上活动的成虫在傍晚爬到寄主植物叶面上取食、飞行活动开始前爬集到叶尖展翅待飞的习性，采用网扫法进行调查与监测。调查时取直径 35 cm、网深

50 cm 的尼龙纱捕虫网，在稻田沿田埂或在越冬场所寄主植物上进行网扫。

（3）成虫解剖法

稻水象甲的飞翔肌和卵巢发育随生活史的季节变化出现兴衰交替，表现出典型的卵子发生——飞行共轭现象，通过定期、定量解剖不同场所捕捉到的成虫，观察卵巢发育情况和飞翔肌消长规律，预测各虫态发生期。

在解剖镜下，左手用镊子夹住供试个体的前胸背板，固定于培养皿的水中，右手用镊子去掉它的鞘翅和后翅，再夹住中胸背板前缘用镊子掀开，观察其纤维束的条数并感觉其强韧程度。然后右手用镊子夹住腹端部，轻轻后拉将卵巢完整拉出，观察与记载发育级别。

卵巢发育分级标准

0 级：未发育，卵巢无色透明，卵巢小管细而短，挺直有弹性，后期端部膨大浑浊。

Ⅰ级：卵黄沉积前期，小管基部浑浊或有少量卵黄沉积。

Ⅱ级：卵黄沉积期，小管基部有一粒成熟卵或成型沉积（卵室可见），卵黄沉积可达小管长度的 1/2 或更多。

Ⅲ级：卵成熟或卵盛期，卵黄沉积丰满，可达小管长度的 1/2 以上，侧输卵管内有一粒或多粒卵（一般为 2 ～ 8 粒，多者可达 10 数粒）。

Ⅳ级：产卵末期，沉积（卵室）之间有缢缩而成念珠状，小管在侧输卵管交接处下折呈“~”状，侧输卵管内仍有卵粒。

Ⅴ级：产后衰老期，卵巢小管中下部明显变细萎缩，于侧输卵管交接处下折呈“~”状，其内无沉积残留或少许沉积，侧输卵管内有少量畸形卵粒或无卵粒呈囊状。

肌发育分级标准

Ⅰ级：发达，两条宽厚强韧的肌纤维束。

Ⅱ级：不发达，肌纤维束多条、纤细、韧性不足或无韧性。

Ⅲ级：无飞翔肌，尚未发育或已经消解，中、后胸背板呈透明状。

五、其他调查与监测方法

（1）查找卵和一龄幼虫

在越冬代成虫迁入秧田或本田时开始，选择有代表性的秧田和本田，每隔 2 ～ 3 d 进行采样测定，可以准确地掌握稻水象甲成虫在当地产卵始盛期、盛期和终止期的发育动态。

（2）叶鞘解剖法

将样株清洗干净，剪去露出水面的植株叶片部分，保留淹水的叶鞘基部 10 cm 和根部，将由外向内剥取的叶片依次面朝上置于双目解剖镜下，用解剖针仔细划破叶表皮并在上下表皮间沿输导组织寻找稻水象甲的长椭圆形卵粒和新孵化停留在叶鞘内行短暂取食的一龄幼虫。用同样方法剖检根部，记录各样株含卵量、一龄幼虫量及两种虫态比率变化情况。

（3）查找根部幼虫和蛹

根据稻水象甲幼虫在根部取食为害的习性和老熟幼虫附着在根系上形成土茧并在其中化蛹的习性，在水稻生长期调查中定期取样并采用水洗法测定植株根部和土壤中幼虫、蛹的数量及其不同发育期个体比率变化情况。选定有代表性的田，每亩取样 5 ～ 10 丛，先把待测植株的基叶部剪去，用直径 9 ～ 10 cm、深 7 ～ 8 cm 的圆筒形土壤取样器获取植株根部和周围土壤，一并装入样品袋，注明样品编号、采集时间和地点。检查时将植株根部和土壤放入细尼龙筛内，先用水把根系所带的土完全冲入筛内，捡出附在根系上的蛹或幼虫后丢弃样株，继续冲洗筛中物去掉泥沙。然后把筛底半部分浸入盛有饱和食盐水的容器内，挑拣漂浮在筛面上的细小幼龄幼虫和蛹皮，用镊子寻找沉落在筛底的老龄幼虫和土茧，分别统计不同龄期的幼虫数量和蛹数。

参考文献

[1] 邹钦 . 稻象甲和稻水象甲 [J]. 植物保护，1989（1）：50-51.

[2] 肖铁光，周社文，李姣，等 . 稻水象甲的生物学特性 [J]. 作物研究，2007，21（1）：41-43.

[3] 丁玉芝 . 稻水象甲的发生与防治 [J]. 植物保护，2002，28（2）：57.

[4] 蔡悦 . 鉴别稻水象甲雌雄两性成虫的外部形态特征 [J]. 植物检疫，1990，4（2）：130-131.

[5] 朱晓敏，骆家玉，田志来 . 我国稻水象甲研究进展与展望 [J]. 吉林农业科学，2015，40（5）：79-84.

[6] 赵晓明，张增福，陆占军，等 . 稻水象甲传播扩散调查与实例分析 [J]. 宁夏农林科技，2017，58（1）：41-43.

[7] 肖铁光，周社文，李姣，等 . 稻水象甲的生物学特性 [J]. 作物研究，2007，21（1）：41-43.

[8] 郭文超，李晶，魏振兴，等 . 新疆首次发现水稻重大外来有害生物稻水象甲 [J]. 新疆农业科学，2011，48（1）：70-74.

[9] 孟维亮，于飞，敖芹，等 . 稻水象甲的入侵特征与适应性分析 [J].

耕作与栽培，2011（2）：19-20.

[10] 张燕杏，王凯学，宾莉，等．稻水象甲生态学研究进展 [J]. 中国植保导刊，2014，34（9）：58-62.

[11] 翟保平，郑雪浩，商晗武，等．稻水象甲（*Lissorhoptrus oryzophilus* Kuschel）滞育征候群中的飞行行为 [J]. 生态学报，1999，19（4）：453-457.

[12] 翟保平，商晗武．浙江省双季稻区稻水象甲的发生动态 [J]. 中国农业科学，1997，30（6）：23-29.

[13] 翟保平，商晗武，程家安．稻水象甲卵巢发育程度的分级及其应用 [J]. 中国水稻科学，1999，13（2）：109-113.

[14] 邓根生，张先平，孙敏，等．国内外稻水象甲研究现状 [J]. 陕西农业科学，2005（2）：55-56.

[15] 张孝羲，程遐年，耿济国．害虫测报原理与方法 [M]. 北京：农业出版社，1979：19-32.

[16] 田春晖，孙富余，白雪婧，等．人为解除稻水象甲越冬成虫的休眠状态 [J]. 辽宁农业科学，1999，28（3）：45-46.

[17] 田春晖，赵文生，赵承德，等．稻水象甲的发生规律与防治研究Ⅱ．稻水象甲种群分布的空间格局及田间抽样技术 [J]. 辽宁农业科学，1996（6）：22-26.

[18] 吕旭健，方勇军，夏万青．稻水象甲种群的分布规律及空间格局和抽样技术研究 [J]. 温州农业科技，1999（4）：22-25.

[19] 岣薇，杨茂发，彭炳富，等．贵州水稻秧田期稻水象甲卵的空

间分布型及抽样技术 [J]. 贵州农业科学，2013，41（4）：76-79.
[20] 何永福，廖国会，金剑雪，等 . 稻水象甲幼虫在水稻根部的空间分布型研究 [J]. 西南农业学报，2013，26（3）：1006-1008.
[21] 顾云琴，陈小慧，余继华 . 稻水象甲发生动态积温预测及应用前景 [C]. 西安：加入 WTO 与防制有害生物入侵研讨会，2002：99-101.
[22] 赵文生，田春晖，孙富余，等 . 稻水象甲的发生规律与防治研究Ⅳ . 稻水象甲的种群动态研究 [J]. 辽宁农业科学，1997（2）：17-21.
[23] 赵成德，孙富余，赵文生，等 . 稻水象甲的发生规律与防治研究Ⅶ . 稻水象甲为害损失估计及防治指标的确定 [J]. 辽宁农业科学，1997（5）：12-16.
[24] 孙富余，赵成德，田春晖，等 . 稻水象甲的发生规律与防治研究Ⅷ . 稻水象甲综合防治技术 [J]. 辽宁农业科学，1997（6）：7-10.
[25] 黄超，刘海燕，方海维 . 安徽省稻水象甲预测预报方法 [J]. 安徽农学通报，2006，12（5）：203-204.
[26] 周颖，黄建 . 稻水象甲预警技术 [J]. 植物医院，2008（11）：48-49.
[27] 周乐峰，兰亦全，林时迟 . 稻水象甲（*Lissorhoptrus oryzophilus* Kuschel）卵巢、飞行肌及消长动态研究 [J]. 华东昆虫学报，1999，8（2）：4-5.
[28] 毛志农，孙汝川，窦学芝，等 . 低湿和低温对稻水象死亡率的影响及稻水象在我国分布范围的初探 [J]. 植物检疫，1997，11（增刊）：26-29.

[29] 龚伟荣，杜予州，戴霖，等 . 稻水象在中国适生性分布的研究 [J]. 扬州大学学报（农业与生命科学版），2007，28（1）：79-82.

[30] 齐国君，高燕，黄德超，等 . 基于 MAXENT 的稻水象甲在中国的入侵扩散动态及适生性分析 [J]. 植物保护学报，2012，39（2）：129-136.

[31] 勾建军，郭云书，汪志和，等 . 稻水象甲发生程度分级标准的研究 [J]. 植物保护，1998（6）：27-28.

[32] 刘雅坤，康尔艳，赵小龙 . 稻水象甲的为害习性及对产量的影响 [J]. 植物保护技术与推广，1998，18（5）：36-37.

[33] 汪志和，杨占起，陈国民，等 . 稻水象甲对水稻危害损失及防治指标的探讨 [J]. 河北农业大学学报，1998，21（3）：61-64.

[34] 汤德祥，徐卫忠，朱红军 . 稻水象甲防治指标试验 [J]. 植物检疫，2005，19（6）：343-345.

[35] 张西建 . 稻水象甲为害损失及防治指标初步研究 [J]. 中国植保导刊，2004（6）：10-11.

[36] 马明勇，彭兆普，易光辉，等 . 不同水稻品种对稻水象甲生长和繁殖的影响 [C]// 第三届全国生物入侵大会论文摘要集——“全球变化与生物入侵” . 北京：中国植物保护学会，2010：220-221.

[37] 黄澍，胡美英，官珊 . 检疫害虫稻水象甲的控制技术研究进展 [J]. 2004，26（2）：87-90.

[38] 李志强，于凤泉，田春晖，等 . 水稻品种 T03 对稻水象甲的抗性遗传分析 [J]. 辽宁农业科学，2011（5）：25-28.